Deba Kumar Mahanta

Líquido de isolamento elétrico: Uma revisão

Deba Kumar Mahanta

Líquido de isolamento elétrico: Uma revisão

ScienciaScripts

Cover image: www.ingimage.com

This book is a translation from the original published under ISBN 978-620-2-30334-7.

Publisher:
Sciencia Scripts
is a trademark of
Dodo Books Indian Ocean Ltd. and OmniScriptum S.R.L publishing group

120 High Road, East Finchley, London, N2 9ED, United Kingdom
Str. Armeneasca 28/1, office 1, Chisinau MD-2012, Republic of Moldova, Europe
Managing Directors: Ieva Konstantinova, Victoria Ursu
info@omniscriptum.com

Printed at: see last page
ISBN: 978-620-8-57562-5

CAPÍTULO 1
INTRODUÇÃO

O líquido isolante do transformador desempenha um papel importante na vida útil de um transformador. Constitui um elemento-chave dos transformadores. Os óleos minerais ou sintéticos à base de petróleo têm sido utilizados convencionalmente nas últimas décadas. Contudo, a utilização de óleo mineral à base de petróleo, derivado de uma fonte de energia não renovável, tem afetado o ambiente devido à sua propriedade de não biodegradabilidade. Por conseguinte, os investigadores concentram a sua atenção em alternativas renováveis e biodegradáveis. Para ultrapassar uma série de desvantagens dos óleos minerais, os óleos vegetais têm sido considerados como substitutos. O éster de ácido gordo de palma, o óleo de coco, o óleo de girassol, etc. são considerados como uma alternativa para substituir o óleo mineral como líquido de isolamento de transformadores. Este capítulo apresenta uma análise exaustiva de diferentes materiais de isolamento líquido não convencionais/verdes utilizados no transformador. Foi discutida a caraterização de diferentes óleos ésteres e as suas principais vantagens. Foi feita uma tentativa de analisar alguns óleos verdes de transformador disponíveis comercialmente em contraste com o óleo mineral.

Os transformadores são componentes essenciais da rede do sistema de energia eléctrica. A maioria dos transformadores depende de dieléctricos líquidos como material isolante.[2] A classificação dos líquidos isolantes é apresentada na Tabela-1. Evita curto-circuitos internos, protege o transformador de ataques químicos, evita a formação de lamas e actua como agente de arrefecimento para remover o calor quando o transformador está a ser energizado.[3],[4] O óleo mineral obtido por destilação fraccionada e subsequente tratamento do petróleo bruto tem sido utilizado como isolamento líquido há mais de 75 anos.[5],[6] Também é utilizado em diferentes equipamentos eléctricos, para além de um transformador, que incluem diferentes tipos de condensadores de alta tensão,[7] interruptores, disjuntores, comutadores de derivação e casquilhos, etc.[8] O objetivo deste estudo é fornecer informações sobre as diferentes propriedades de vários tipos de óleos isolantes amigos do ambiente que mostram potencial no que diz respeito à aplicação no transformador. Este estudo incentivou os investigadores a concentrarem-se em materiais isolantes renováveis e biodegradáveis. Este estudo analisa a situação atual dos óleos vegetais utilizados como meio de isolamento e arrefecimento em transformadores, incluindo a sua caraterização, produção e processamento. Mostra as principais vantagens e desvantagens dos óleos vegetais em comparação com o óleo mineral, apresentando um esboço da investigação recente levada a cabo.

Tabela 1. Classificação dos líquidos isolantes.

Mineral insulating oil	Paraffinic oils	Non ring long-chained structure
	Naphthenic oils	Saturated ring structure
	Aromatic oils	Non saturated ring structure
Synthetic insulating oil	Poly-alpha olefins	Manufactured by polymerization of hydrocarbon molecules
	Poly glycols	Produced by oxidation of ethylene and propylene
	Synthetic ester oils	Produced by reaction of acids and alcohols with water
Vegetable insulating oil	Soybean oil	Vegetable oils are nontoxic, biodegradable, low inflammable, have a higher breakdown voltage, high flash point, high acidity number, high viscosity and pour point
	Coconut oil	
	Cottonseed oil	
	Rapeseed oils	

1.1 História do líquido isolante de transformadores

Em 1892, a "General Electric" iniciou a utilização dos primeiros óleos à base de petróleo como líquido isolante no transformador. A produção comercial de óleo mineral de base parafínica foi iniciada em 1899. O óleo mineral de base parafínica continha grandes

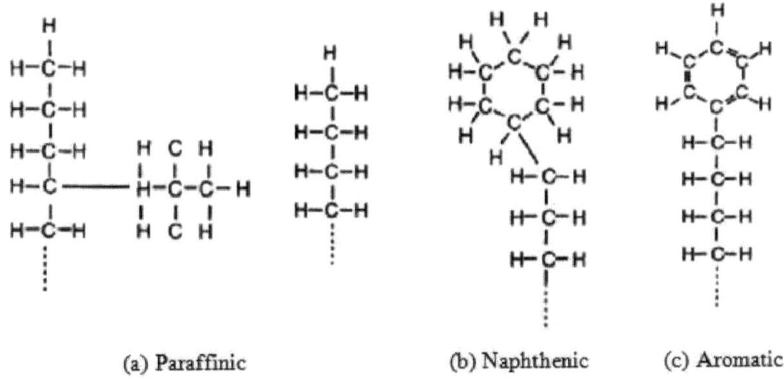

Fig.1 Estrutura química de diferentes hidrocarbonetos presentes no óleo de transformador.

quantidade de cera, resultando num ponto de fluidez elevado indesejável. Além disso, produzia uma grande quantidade de lamas insolúveis em condições climáticas negativas, o que reduzia a viscosidade e, por conseguinte, a capacidade de transferência de calor. Posteriormente, o óleo mineral parafínico foi substituído por óleos nafténicos, que mantiveram o óleo mineral como fluido a temperaturas muito baixas, mas tinham a desvantagem de serem altamente inflamáveis. O bifenilo policlorado (PCB) foi fabricado pela primeira vez em 1930[10], o que permitiu ultrapassar a inflamabilidade dos óleos nafténicos. No entanto, no início de 1970, foi determinado que os PCB já não eram aceitáveis do ponto de vista ambiental e, por conseguinte, foram proibidas novas utilizações e a produção de PCB. Com o fim dos PCB, as indústrias de energia viraram-se para outros isolamentos líquidos, como os ésteres sintéticos, o óleo vegetal, o fluido de silicone, etc.[11] O óleo mineral continuou a ser a principal fonte entre todos estes.[12],[13]

Tabela 2. Propriedades de envelhecimento dos líquidos isolantes [9]

Property	Units	Standards	Mineral oil	Vegetable oil
Viscosity, 40^0C	mm^2/s	ISO 3104, ASTM D 445	7.6	39.2
Density, 20^0C	kg/dm^3	ISO 12185, ISO 3675, ASTM D 1298	0.877	0.9128
Breakdown voltage (2.5 mm)	kV	IEC 60156	40–60	81
Acidity	mg KOH/g	IEC 62021, ASTM D 974	0.01	0.05
Tan delta (90^0C and 50 Hz)	----	IEC 60247	0.001	0.0134
Flash point	^{0}C	ISO 2719, ASTM D 92	144	332
Moisture content	mg/kg	IEC 60814	< 20	100

1.2 Óleo mineral como líquido isolante de transformadores

A estrutura química do óleo de transformador é muito complexa, sendo composto por hidrocarbonetos e não-hidrocarbonetos [14]. Os não-hidrocarbonetos estão presentes em pequena quantidade no óleo de transformador, enquanto os hidrocarbonetos constituem a parte principal, contendo apenas carbono e hidrogénio. A estrutura química dos diferentes hidrocarbonetos presentes no óleo de transformador é apresentada na Fig.1. O óleo de transformador de boa qualidade contém a quantidade ideal de compostos químicos. A presença de compostos aromáticos no óleo de transformador aumenta a estabilidade do óleo em serviço, enquanto que uma quantidade excessiva pode reduzir a resistência ao impulso ou a resistência dieléctrica do óleo e aumentar a propriedade de solvência do óleo para muitas das partículas sólidas nele imersas.

Mais uma vez, a presença de compostos de enxofre em concentrações elevadas provoca a corrosão do cobre em contacto com o óleo isolante. Do mesmo modo, a presença de compostos de azoto em concentrações elevadas reduz a estabilidade do óleo. As propriedades básicas do óleo de transformador que são desejáveis para servir os objectivos de meio dielétrico e refrigerante são uma elevada resistência ao impulso, elevada resistência eléctrica e elevada resistividade volumétrica, elevada condutividade térmica, elevado calor específico, elevado ponto de inflamação, baixa viscosidade, baixa volatilidade e baixo fator de dissipação dieléctrica. Para além , um bom óleo de transformador deve ter elevada resistência à deterioração química, ser não inflamável, barato e facilmente disponível [15].

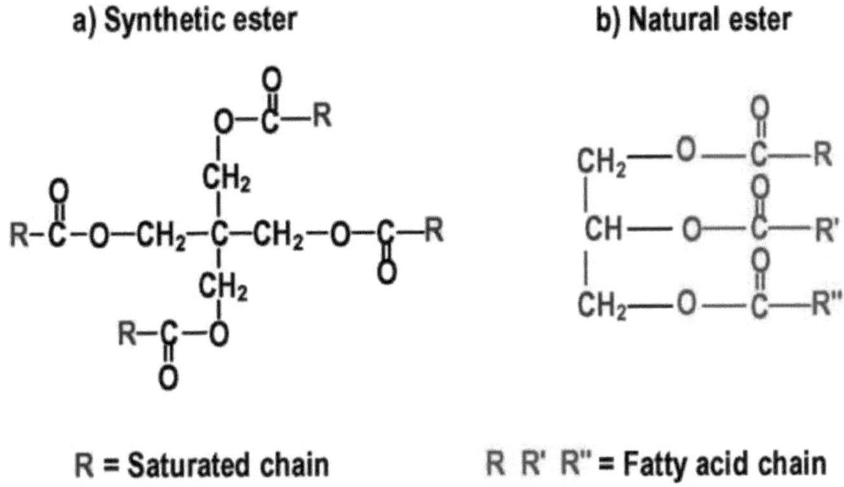

a) Synthetic ester

b) Natural ester

R = Saturated chain

R R' R'' = Fatty acid chain

Fig2. Estrutura química do éster sintético e do éster natural.

1.3 Alternativa ao óleo isolante mineral

Nos últimos anos, muitos investigadores têm-se dedicado a encontrar um substituto adequado para o óleo de transformador[16-18]. Muitos fluidos sintéticos, bem como naturais, foram testados e utilizados como alternativa ao óleo de transformador[19],[20]. A estrutura química do éster sintético e do éster natural é apresentada na Fig. 2. O óleo de transformador tem muitas desvantagens, como a presença de hidrocarbonetos aromáticos polinucleares que podem ser facilmente libertados para o ambiente devido à explosão de um transformador, a fraca biodegradabilidade e a escassez futura. Tem sido dada atenção aos óleos vegetais como o óleo de soja, girassol, etc.[21],[22] e ésteres sintéticos como meio líquido isolante. Verificou-se na literatura que os óleos vegetais e os ésteres sintéticos têm atraído a maior atenção entre todas as outras alternativas de óleo de transformador. Têm propriedades de baixa inflamabilidade, impacto ambiental negligenciável e elevada tolerância à humidade, não são tóxicos para a vida aquática, têm um ponto de inflamação elevado, menor volatilidade e menor ponto de fluidez[23],[24]. O envelhecimento de líquidos isolantes vegetais na presença de ar conduz à oxidação, resultando num aumento da viscosidade. Por conseguinte, é importante ter cuidado durante o enchimento do líquido isolante nos transformadores para excluir o oxigénio. O óleo mineral apresenta um menor envelhecimento térmico do papel isolante no intervalo de temperatura de 70^{0}C a 190^{0}C, em comparação com o óleo mineral. Mais uma vez, a concentração de CO e CO_2 é menor no óleo vegetal envelhecido em comparação com o óleo mineral envelhecido. No entanto, a concentração de água no óleo vegetal envelhecido é maior quando comparada com a do óleo mineral envelhecido. A comparação do efeito do envelhecimento no óleo mineral e no óleo vegetal é apresentada na Tabela-2.

CAPÍTULO 2

ANÁLISE DO DESEMPENHO DE DIFERENTES LÍQUIDOS ISOLANTES

2.1 Fogo e ponto de inflamação

As caraterísticas térmicas de amostras envelhecidas e virgens de óleos minerais e vegetais foram estudadas no artigo[25], que concluiu que o óleo vegetal tem um melhor comportamento térmico do que o óleo mineral. Os óleos de palma e de coco têm um ponto de inflamação e de fogo mais seguro do que o óleo mineral.

2.2 Propriedade de extinção de arco

O comportamento de extinção de arco do óleo vegetal é elevado em comparação com o do óleo mineral. De acordo com a referência[25], a produção de acetileno e hidrogénio sob condições de arco para o óleo mineral é muito maior em comparação com o óleo vegetal. Mas a produção de CO e CO_2, devido à quebra do grupo carbonilo - COO, é muito maior para o óleo vegetal em comparação com o óleo mineral.

2.3 Resistência à rutura dieléctrica

A força dieléctrica, que depende da humidade em ppm, é melhor para o óleo vegetal do que para o óleo mineral. O efeito da humidade no comportamento dielétrico do óleo de éster é menor em comparação com o do óleo mineral[26]. Os óleos de coco e de palma têm melhor rigidez dieléctrica do que o óleo mineral.

2.4 Estabilidade de oxidação

A referência [27] explica o estudo experimental sobre a estabilidade à oxidação e verificou que houve uma pequena alteração na tensão de rutura e no valor de acidez do óleo vegetal, concluindo que o óleo vegetal tem uma estabilidade à oxidação superior ao óleo mineral.

2.5 Ensaio do líquido isolante

Durante o funcionamento do transformador, o óleo isolante está sujeito a tensões térmicas, eléctricas e mecânicas. Por outro lado, as contaminações causadas por reacções químicas entre os enrolamentos e outros isolamentos sólidos, que são catalisadas pela elevada temperatura de funcionamento. Como resultado, perde as suas propriedades originais, tornando-o ineficaz para o seu objetivo principal ao fim de muitos anos. As diferentes razões responsáveis pela deterioração do isolamento líquido são apresentadas na tabela 3 e os diferentes ensaios que consideraram a verificação da qualidade do óleo isolante são listados em forma de tabela na tabela 4.

Tabela 3: Deterioração do líquido isolante

<table>
<tr><td rowspan="18">Deterioration of Liquid Insulation</td><td>Categories</td><td>Reasons</td><td>Elements</td><td>Results</td></tr>
<tr><td rowspan="8">Physical contamination</td><td rowspan="5">by solid impurities</td><td>Paper</td><td rowspan="5">Absorb moisture
Electrical breakdown
Formation of copper soaps</td></tr>
<tr><td>Pressboard</td></tr>
<tr><td>Wood</td></tr>
<tr><td>varnish</td></tr>
<tr><td>Cotton tap</td></tr>
<tr><td rowspan="3">by foreign matters</td><td>Dust</td><td rowspan="3">Lowering of electric strength
Chemical decomposition of oil
Formation of carbon particles</td></tr>
<tr><td>Metallic particles</td></tr>
<tr><td>Fibrous matter</td></tr>
<tr><td rowspan="6">Contamination by gases</td><td>by the gases dissolved in the oil from the atmosphere</td><td>via the breather during inhaling action</td><td rowspan="6">Lowering the electric strength of the oil due to formation of the following gases
Methane
Ethane
Ethylene
Acetylene
Propylene
Butane
Carbon monoxide
Hydrogen
Carbon dioxide</td></tr>
<tr><td rowspan="5">by the gases generated in the oil</td><td>Thermal decomposition of the oil</td></tr>
<tr><td>Decomposition of oil due to arcing</td></tr>
<tr><td>Electrolysis</td></tr>
<tr><td>Vaporization of the oil</td></tr>
<tr><td>Chemical reaction among different particles</td></tr>
<tr><td rowspan="3">Chemical decomposition</td><td>Oxidation</td><td>Air</td><td rowspan="3">Corrosion
destruction of heat transfer
the weakening of electrical properties
Dielectric losses
arcing</td></tr>
<tr><td>Electrical stress</td><td>Water</td></tr>
<tr><td>Thermal stresses</td><td>Solid particles</td></tr>
</table>

Tabela 4. Ensaio do líquido isolante.

	Category	Parameters	Indication/quality	Apparatus/Methods
Conventional Test	Physical Test	appearance	Clear, transparent oil: good oil	With naked eye
			Cloudy or foggy appearance: indicate moisture presence	
			Greenish oil: indicate presence of copper salts	
			Acrid smell: indicate presence of acid	
		density	Generally varies between 0.80 to 0.89	Density hydrometer
			Lower density indicates lower viscosity	
		viscosity	High viscosity: indicate low heat removal	Viscometer
		pour point	High pour point : indicate better insulating oil	Cloud pour point apparatus
		flash point	High flash point : indicate better insulating oil	Pensky-Martens close cap apparatus
		interfacial tension	Lower value of IFT : indicate better insulating oil	Tensiometer, Ring method, IFT apparatus
	Chemical test	neutralization number	Low neutralization number: indicate minimum electrical conduction, minimum metal corrosion, maximum life of insulation	Potassium hydroxide required in gram to neutralize the acid
		water content	High water value : indicate low dielectric strength, high chemical deterioration of insulating paper	test to measure water content, Karl Fisher method
		sediment& sludge	High sediment/sludge: indicate low electrical property	With naked eye
		corrosive sulphur	More sulphur : more corrosion of metal parts	Degree of corrosion by copper in contact with oil
		oxidation stability	Low oxidation value: indicate low acid and sludge formation, minimum electrical conduction and metal corrosion, high heat transfer	Oxidation stability test vessel, oxidation stability apparatus
		Inhibitor	Inhibited oils weaken more	di-tertiary butyl para-

		content	slowly than uninhibited oils	Cresol
		SK value	Volume of concentrated sulphuric acid on adding to test sample	Bis: 335-1993 test method
	Electrical test	Electric strength: Break down voltage (BDV) test	Higher the BDV value: better the ability to withstand electric stress	Spherical and semi-hemispherical brass electrodes test arrangement
		dielectric dissipation factor (tan delta)	Lower dissipation factor: indicate better insulating oil	Measurement of phase difference between applied voltage and resulting current
		resistivity	Higher resistivity: indicate better insulating oil	Automatic resistivity test set
New Approach	Optical test	Oil level measurement	Oil level proportional to output voltage, higher the output voltage higher the oil level	Continuous and discrete optical sensor based instrumentation system
		Temperature measurement	Change of temperature proportional to output voltage	optical sensor based instrumentation system
		Moisture measurement	Amount of moisture in oil proportional to output voltage	optical sensor based instrumentation system

CAPÍTULO 3

LÍQUIDO ISOLANTE DE TRANSFORMADOR ALTERNATIVO

3.1 Propriedades do líquido isolante de transformadores alternativos

A literatura revela que a maior parte das propriedades físicas, como o teor de humidade, o ponto de inflamação, a rigidez dieléctrica, etc., dos óleos isolantes vegetais estão dentro dos níveis recomendados[28-30]. Os investigadores estão a tentar elevar a viscosidade do óleo de coco para o nível recomendado através de algumas modificações químicas. Mais uma vez, o ponto de fluidez do óleo de coco pode ser reduzido a um nível considerável através da adição de fenol estirenado. Para além do óleo de coco, o girassol e a colza têm excelentes propriedades de resistência ao fogo e de biodegradabilidade. A comparação dos valores típicos [31-33] de diferentes propriedades de isolamento é apresentada no quadro 6. Um grande número de trabalhos de investigação foi efectuado por investigadores de todo o mundo para encontrar um substituto amigo do ambiente para o óleo mineral de transformador. Analisam-se aqui algumas conclusões destes trabalhos de investigação. Uma referência [34-36] explica o desempenho do óleo vegetal, como o óleo de coco, como alternativa ao óleo mineral no transformador e compara o envelhecimento térmico do papel isolante em óleo mineral com o do papel em óleo vegetal numa gama de temperaturas específica. Yang Xuet al.[37] investigaram a estabilidade à oxidação do óleo vegetal de transformador sob envelhecimento térmico acelerado utilizando o método de calorimetria diferencial de varrimento sob pressão (PDSC) e chegaram à conclusão de que a acidez não é adequada, mas a viscosidade é reactiva para os óleos vegetais. Imad-U-Khan et al. e Muhamad et al.[38],[39] adoptaram um novo critério de rácio de análise de gás dissolvido para deteção e diagnóstico de avarias e concluíram que é produzida uma menor quantidade de gases no líquido isolante à base de ésteres em comparação com o óleo mineral. As referências [40], [41] e [42] estudaram as caraterísticas de decomposição dos óleos de coco em relação ao óleo isolante mineral. Os resultados indicaram que o óleo de coco tem um valor de degradação mais elevado do que o óleo mineral. Ramli et al. e Arief et al.[43],[44] estudaram as caraterísticas de descarga parcial do éster de ácido gordo de palma (PFAE) e concluíram que o PFAE tem um bom potencial para ser utilizado como líquido de arrefecimento e isolamento em transformadores de potência. Hosier et al.[45] investigaram o azeite biodegradável, o óleo de colza, o óleo de milho e o óleo de girassol utilizando espectroscópios de ultravioleta/visível e de infravermelhos e concluíram que o azeite oferecia uma excelente resistência ao envelhecimento, o óleo de colza oferecia propriedades intermédias, enquanto o óleo de milho e o óleo de girassol oxidavam consideravelmente após o envelhecimento. Nanayakkara et al.[46] apresentaram variações da capacitância e das perdas dieléctricas de amostras de cartão impregnado com óleo de coco e óleo mineral durante o aquecimento no forno, utilizando a espetroscopia dieléctrica no domínio da frequência (FDS), e concluíram que as perdas eram relativamente mais elevadas para as amostras de cartão impregnado com óleo de coco em comparação com o óleo mineral.

Tabela 6. Comparação de líquidos isolantes eléctricos - valores típicos[47].

Properties	Mineral oils	Silicone oils	Synthetic esters	Vegetable oils	Test method
Dielectric breakdown, kV	30–85	35–60	45–70	82–97	IEC60156
Relative permittivity at 25^0 C	2.1–2.5	2.6–2.9	3.0–3.5	3.1–3.3	IEC60247
Viscosity at 0^0 C, $mm^2\ s^{-1}$	<76	81–92	26–50	143–77	ISO3104
Viscosity at 40^0 C, $mm^2\ s^{-1}$	3–16	35–40	14–29	16–37	ISO3104
Viscosity at 100^0C, $mm^2\ s^{-1}$	2–2.5	15–17	4–6	4–8	ISO3104
Pour point, 0^0 C	-30 to -60	-50 to -60	- 40 to - 50	-19 to -33	ISO3016
Flash point, 0^0 C	100–170	300–310	250–270	315–328	ISO2592(1)
Fire point, 0^0 C	180–185	340–350	300–310	350–360	ISO2592(1)
Density at 20^0 C, kg dm^3	0.83–0.89	0.96–1.10	0.90–1.00	0.87–0.92	ISO3675
Specific heat, J g^{-1} K^{-1}	1.6–2.0	1.5	1.8–2.3	1.5–2.1	ASTME1269
Thermal conductivity, Wm^{-1} K^{-1}	0.11–0.16	0.15	0.15	0.16–0.17	(DCS)

3.2 Propriedades do novo óleo isolante colocado no novo transformador

As propriedades do óleo isolante novo não utilizado colocado num transformador de potência novo diferem das do óleo isolante novo. O óleo isolante novo, quando colocado no transformador de potência, entra em contacto com diferentes materiais de construção e outros materiais isolantes sólidos, fica contaminado e altera as suas propriedades. Estas alterações de propriedades dependem dos tipos de materiais utilizados para a construção e das proporções de isolamento sólido/líquido e devem ser mantidas dentro de limites aceitáveis, adaptando técnicas de processamento adequadas e uma seleção apropriada de materiais. Os transformadores de potência necessitam de testar o isolamento líquido antes de o colocar sob tensão. Os limites recomendados pela norma indiana são apresentados no quadro 7.

Tabela 7. Propriedades do novo óleo isolante colocado no novo transformador de potência

Properties	Maximum voltage level of transformer (kV)		
	< 72.5kV	72.5kV to 170kV	> 170kV
Appearance	Clear, free from suspended matter and sediment		
Density at 29^{0}C, gm/cm^3, Max	0.89	0.89	0.89
Viscosity at 27^{0}C, cSt, Max	27	27	27
Flashpoint, ^{0}C, Min	140	140	140
Pour point, ^{0}C, Max	-6	-6	-6
Neutralization value, mg KOH/g, Max	0.03	0.03	0.03
Water content, ppm, Max	20	15	10
Interfacial tension, Mn/m, Min	35	35	35
DDF (tanδ) at 90^{0}C & 40-60 Hz, Max	0.015	0.015	0.010
Resistivity at 90^{0}C x 10^{12} ohm-cm, Min	6	6	6
Breakdown Voltage, kV (rms), Min	40	50	60
Oxidation stability of uninhibited oil: (a) Neutralization value, mgKOH/g, Max (b) Sludge (% by mass), Max	(a) 0.4 (b) 0.1	0.4 0.1	0.4 0.1

Tabela 8. Trabalhos importantes publicados recentemente na IEEE Transaction

Sl no	Author /Year	Findings	Involved instrumentation system/Technology	Comment
1	S.Okabe/ 2013	Due to the aging, for example, of about 30 years, properties of both insulating oil and solid insulation were degraded as a whole	Based on volume resistivity, dielectric loss, Interfacial, acid value	In this paper, insulation degradation of shell-type and core-type transformer has been studied by aging
2	Yang Xu/ 2014	Acidity is not suitable but viscosity is responsive for vegetable oils.	Pressure Differential Scanning Calorimetry (PDSC) method is used for investigation.	This paper focuses on oxidation stability assessment of a vegetable oil
3	Imad-U-Khan/ 2007	Less amount of gases produces in ester-based insulating liquid	Dissolve gas analysis method on Ester-based transformer fluids	modified or new ratio criteria have to adapt for fault detection and diagnosis
4	N. A. Muhamad/ 2008	Validate the result based on existing DGA fault interpretation methods	experimental tests performed on laboratory models	This paper explains about the study of hydrocarbon gas products produced when arcing happened
5	S. Ranawana/ 2008	Break down value is comparatively higher than that of new mineral oil	measurements were carried out in the frequency domain at different temperatures	Stability of coconut oil as insulating liquid has been studded

6	M. R. Ramli/ 2014	palm fatty acid ester (PFAE) has a good potential to be used as power transformer oil	Comparative study of PFAE with mineral oils	Partial discharge characteristics of palm fatty acid ester have been studied
7	N. W. N. J. Nanayak kara/ 2013	Losses found relatively more in the case of coconut oil in the solid insulator in comparison to mineral transformer oil.	Frequency Domain Dielectric Spectroscopy (FDS) is used.	This paper presents dielectric losses and variations of capacitance of mineral oil and coconut oil impregnated pressboard samples during oven heating

3.3 Óleo de éster como alternativa ao óleo mineral

Nos últimos anos, muitos investigadores têm-se dedicado a encontrar alternativas adequadas ao óleo mineral [48] [49] [50]. Muitos fluidos sintéticos e naturais foram testados e utilizados como alternativa ao óleo mineral[51][52]. Dado que o óleo mineral tem muitas desvantagens, como a fraca biodegradabilidade, a escassez futura e a presença de hidrocarbonetos aromáticos polinucleares que podem ser facilmente libertados para o ambiente devido à explosão do transformador[53] [54], tem sido dada atenção aos óleos de ésteres como alternativa ao óleo mineral. Verificou-se na literatura que os ésteres naturais e sintéticos foram os que atraíram mais atenção entre todas as outras alternativas de óleo de transformador. Tem propriedades de elevado ponto de inflamação, baixa inflamabilidade, impacto ambiental negligenciável e elevada tolerância à humidade, não é tóxico para a vida aquática, tem menor volatilidade e menor ponto de fluidez, apresenta um menor envelhecimento térmico do papel isolante na gama de temperaturas de 70^0C a 190^0C em comparação com o óleo mineral [55][56]. Os ésteres utilizados no transformador são classificados em dois grupos: ésteres naturais e ésteres sintéticos. O éster natural é derivado de fontes naturais renováveis. É principalmente derivado de sementes de diferentes plantas, como o óleo de colza, o óleo de soja ou o óleo de girassol, etc. Permanece no estado líquido a baixa temperatura e as suas propriedades não podem ser alteradas. O éster natural tem um ponto de fluidez elevado e é mais adequado para o ambiente temperado, mas tem uma fraca estabilidade à oxidação e, por conseguinte, é geralmente utilizado no transformador selado. Os ésteres sintéticos são fabricados artificialmente a partir de matérias-primas selecionadas para um fim explícito, especificamente como líquido isolante e refrigerante de transformadores. Têm uma elevada estabilidade à oxidação, o que os torna adequados para sistemas de respiração com livre acesso ao oxigénio e um baixo ponto de fluidez adequado para climas frios. Alguns trabalhos importantes publicados recentemente na IEEE Transaction são apresentados no quadro 8. As diferentes propriedades de alguns produtos naturais e sintéticos disponíveis no mercado são apresentadas no quadro 9 e no quadro 10, respetivamente.

3.4 Alguns óleos de ésteres naturais disponíveis no mercado

3.4.1 ENVIROTEMP™ FR3™

O fluido Envirotemp™ FR3™ é um éster natural renovável de base biológica, utilizado em transformadores de potência e de distribuição como líquido isolante e refrigerante. Tem um excelente desempenho com propriedades vantajosas, como segurança única contra incêndios, propriedades eléctricas, químicas e ambientais. É derivado de óleos de sementes com aditivos que melhoram o desempenho. Este tipo de óleo de transformador natural melhora a segurança contra incêndios, aumenta a fiabilidade, aumenta a capacidade de sobrecarga e prolonga a vida útil do isolamento do transformador. Não contém silicones, petróleo, enxofre corrosivo ou halogéneos. Não é tóxico e é completamente biodegradável. É um líquido isolante dielétrico menos inflamável com pontos de fulgor/fogo extremamente elevados e alta resistência à ignição. Os transformadores Envirotemp™ FR3™ com enchimento de fluido actuam em conformidade com os requisitos da gama de temperaturas de funcionamento definidos nas normas IEC 60076-1 e IEEE C57.12.00.

3.4.2 MIDEL eN 1215/MIDEL eN 1204

Estes dois são excelentes fluidos de transformador de éster natural utilizados como alternativa ao líquido de silicone, óleo mineral e transformadores de tipo seco. Ambos são derivados de fontes renováveis e, por conseguinte, altamente respeitadores do ambiente e facilmente biodegradáveis. O MIDEL eN 1215 é um fluido de transformador de éster natural à base de soja, enquanto o MIDEL eN 1204 é um fluido de transformador de éster natural à base de colza. Estes fluidos de ésteres têm um ponto de inflamação elevado e são menos inflamáveis do que o óleo mineral, o que constitui a solução ideal em termos de atenuação do risco de incêndio e reduz a necessidade de dispositivos suplementares de proteção contra incêndios, reduzindo os custos adicionais. Tem uma elevada tolerância à humidade, o que aumenta a vida útil do isolamento sólido à base de celulose, resultando no prolongamento da vida útil de um transformador. O MIDEL eN 1215 é ideal para instalações em ambientes temperados para transformadores sem respiração, enquanto o MIDEL eN 1204 é ideal para climas comparativamente mais frios e uma solução eficaz para transformadores sem respiração livre.

3.4.3 BIOTEMPO:

BIOTEMP é um fluido de éster natural feito de óleo vegetal biodegradável amigo do ambiente. Este fluido isolante dielétrico renovável é produzido a partir de cártamo e girassol, contendo ácidos gordos monoinsaturados. Oferece uma elevada segurança contra incêndios, vantagens operacionais significativas em relação ao óleo mineral e pode ser utilizado tanto em transformadores exteriores como em transformadores interiores. É um líquido isolante amigo do ambiente. A eliminação deste líquido não constitui um problema, uma vez que não é tratado como resíduo tóxico ou perigoso. Minimiza a poluição do ar, produzindo apenas água e dióxido de carbono durante a combustão. Apresenta caraterísticas dieléctricas excepcionais, com elevada resistência ao fogo e ao fulgor e estabilidade de temperatura em comparação com o óleo mineral. BIOTEMP é capaz de absorver mais água do que o óleo mineral, o que ajuda a retirar a humidade gerada pelo envelhecimento do papel isolante, aumentando a vida útil do papel isolante de celulose sólida imerso nele.

Tabela: 9 Propriedades diferentes dos ésteres naturais e do óleo mineral

Properties	Mineral Oil Typical Values	BIOTEMP	MIDEL eN 1204 (Rapeseed)	MIDEL eN 1215 (Soya)	Envirotemp FR3
Physical					
Color	≤ 0.5	L0.5	0.5	0.5	L0.5
Flash Point, °C	> 145	328	327	>315°C	326
Fire Point, °C	180a	358	360	>350°C	362
Pour Point, °C	≤ (-40)	-12a	-31	-18	-21
Relative Density	≤ 0.910	0.919	0.92	0.92	0.923
Viscosity at 40°C	≤ 11.0	41.4	37	32	33.8

Visual	Clear/ Bright	Clear/ Bright	clear	clear	Clear/ Bright
Chemical					
Corrosive Sulfur	Non-corrosive	Non-corrosive	non-corrosive	non-corrosive	Non-corrosive
Water, ppm	≤ 30	<80	50	50	<80
Neutralization No., mg KOH/g	≤ 0.015	0.02	<0.1	<0.07	0.02
PCB, ppm	< 2	< 2	Not-detectable	Non-detectable	< 2
Electrical					
Dielectric Breakdown, kV	≥ 30	38	≥ 30	≥ 30	51
Dielectric Breakdown, kV, 1 mm gap	≥ 20	33	45	30	36
Power Factor at 20-25°C,%	≤ 0.05	0.0093	≤0.20	≤ 0.20	0.0610
Power Factor at 100°C, %	≤ 0.30	0.590	≤0.4	≤0.4	1.850
Impulse Breakdown, kV	≥ 145	134b	134	146	Insufficient
Gassing Tendency, µL/min	negative	-52.7	-46.1	-31.9	-80.5

3.5 Alguns óleos sintéticos de ésteres disponíveis no mercado

3.5.1 ENVIROTEMP™ 200:

É um líquido isolante robusto que oferece uma constância duradoura, mesmo quando exposto a variações severas de temperatura. Oferece um desempenho a altas temperaturas, uma maior segurança contra incêndios, uma melhor aceitação da humidade e uma maior proteção ambiental. Este líquido de éster sintético é um líquido isolante menos inflamável, idealmente adequado para utilização em transformadores de respiração livre, novos e de reenchimento, e em transformadores de tração.

Tabela: 10 Propriedades diferentes do éster sintético

Property	MIDEL 7131	Envirotemp™ 200
	Physical	
Colour	125	≤ 200 Hazen
Appearance	Clear, free from water and suspended matter and sediment	Visual clear, free from water, suspended matter and sediment
Density at 20°C (kg/dm3)	0.97	972
Kinematic Viscosity (mm^2/sec) at 40^0C	29	31
Flash Point PMCC (°C)	260	>250
Fire Point (°C)	361	>300
Pour Point (°C)	-56	<-45
Crystallization	No crystals	No crystals
	Electrical	
Dielectric Breakdown (kV)	>75	>60
Power Factor at 90°C	<0.008	
DC Resistivity at 90°C (GΩ.m)	>20	10
	Chemical	
Water Content (mg/kg)	50	<90
Acidity (mg KOH/g)	<0.03	0,01
Oxidation stability, 164 h		
Total Acidity (mg KOH/g)	0.02	0.25
Total Sludge (% mass)	<0.01	0,005

3.5.2 MIDEL 7131:

O MIDEL 7131 é um fluido à base de éster sintético que tem sido utilizado com sucesso como líquido isolante e refrigerante de transformadores desde a década de 1970. Foi especialmente desenvolvido para substituir com segurança o óleo mineral tradicional e os transformadores de tipo seco. Proporciona maior segurança contra incêndios, desempenho a altas temperaturas, melhor tolerância à humidade, proteção ambiental superior e não é corrosivo. É adequado para uma vasta gama de aplicações de transformadores, incluindo transformadores de respiração livre e selados colocados no interior ou no exterior. Alguns artigos publicados recentemente no IEEE com base nos óleos vegetais são apresentados na tabela 11.

Tabela: 11 Trabalhos recentes sobre óleos vegetais utilizados em transformadores

Sl no	Author	Findings	Comment
1	M. Pompili, L. Calcara, A. Sturchio and F. Catanzaro[57]	The uses of natural esters in transformers positively reduce the risk of fire and environmental accidents.	experimental work performed by an Italian Working Group supported also by different Experts
2	P. Trnka, A. Čejková, V. Mentlík, P. Totzauer, L. Harvánek and T. Tomášková [58]	The paper shows the electrical properties of sunflower oil and his lifetime curve for different temperature and on different time of exposure.	The research has focused on selecting appropriate mixtures of synthetic esters and on modification of natural esters.
3	F. Scatiggio and M. Pompili [59]	The paper reports the laboratory scale experiments for testing and comparing different vegetable esters existing on international market	Find the right balance between the country's energy needs nature conservation and the safeguarding of its cultural heritage.
4	K. Bandara, C. Ekanayake, T. K. Saha and P. K. Annamalai [60]	In this paper the performance of natural ester as insulation in transformers by evaluating the ageing of natural ester impregnated cellulose pressboard is presented.	An accelerated ageing experiment has been carried out in sealed tubes at 120 °C to clarify the knowledge gaps with respect to the ageing of vegetable oil impregnated cellulose and insulation diagnostic methods.

5	M. H. A. Hamid, M. T. Ishak, M. F. M. Din, N. S. Suhaimi and N. I. A. Katim [61]	The dielectric constant and resistivity of all types of natural ester oil decreased with the increase in temperature. However, the dissipation factor properties in this experiment increased with the increase in temperature.	The natural ester liquids used in this experiment are rice bran oil, palm oil, corn oil, sunflower oil and canola oil.
6	Rakesh C and M. J. Thomas [62]	Pongamia oil and its derivatives show that they can be an environmentally friendly and economically viable replacement for mineral oil	Pongamia oil natural esters extracted from the seeds of PongamiaPinnata tree and its derivatives are investigated in this study to assess their suitability for use in high voltage transformers
7	L. S. Mohammed, Mazood, M. Bakrutheen, M. Willjuice,Iruthay arajan and M. Karthik [63]	Most of the investigated natural esters have better properties except viscosity.	In this work, vegetable oils such as Punna oil, Rice bran oil, Palm olein oil, Gingelly oil, Sunflower oil, Neem oil, Caster oil, Mustard oil, Ground nut oil and Mughwa oil are studied for development of new insulating medium.
8	M. R. Ramli/ 2014 [64]	palm fatty acid ester (PFAE) has a good potential to be used as power transformer oil	In this paper Partial discharge characteristics of palm fatty acid ester have been studied

O óleo mineral não renovável utilizado nos transformadores de potência não é biodegradável e pode ser potencialmente perigoso para o ambiente. Os investigadores estão à procura de alternativas que sejam derivadas de fontes renováveis e amigas do ambiente. Este artigo de revisão explica as caraterísticas físicas, químicas e eléctricas e as várias razões de deterioração do isolamento líquido utilizado no transformador. O resultado dos testes físicos, eléctricos e químicos indica as semelhanças e algumas diferenças significativas entre os ésteres naturais e o óleo mineral típico. O óleo mineral não renovável utilizado no transformador de potência não é biodegradável e pode ser potencialmente perigoso para o ambiente. Os fluidos alternativos são derivados de óleos de ésteres renováveis e amigos do ambiente. Este artigo de revisão explica as propriedades físicas, químicas e eléctricas de diferentes óleos vegetais juntamente com o óleo mineral convencional. Os vários motivos de deterioração do isolamento líquido utilizado no transformador também são explicados neste trabalho. De acordo com a pesquisa bibliográfica, a maior parte dos trabalhos de investigação recentes sobre óleos isolantes alternativos conclui que os óleos ésteres são o fluido alternativo superior utilizado nos transformadores de potência e de distribuição, em substituição do óleo mineral de transformador. Os trabalhos de investigação efectuados nos últimos anos sobre óleos isolantes alternativos apontam claramente para os seguintes pontos

(1) O óleo de coco virgem pode ser uma boa escolha como alternativa ao óleo mineral convencional para transformadores de potência. Tem a tensão de rutura mais elevada, a viscosidade mais baixa e o teor de humidade mais baixo do que o óleo de palma e outros óleos isolantes renováveis.

(2) O óleo vegetal, que pode ser utilizado como uma das alternativas para substituir os óleos minerais nos transformadores, é adequado para ser utilizado em transformadores selados.

(3) A taxa de produção de gases dissolvidos em ésteres durante falhas térmicas e eléctricas é menor em comparação com o óleo mineral derivado do petróleo. Os ésteres são predominantemente estáveis em falhas térmicas numa determinada gama de temperaturas.

(4) O acetileno é o principal responsável pela avaria eléctrica nas descargas de baixa energia e o hidrogénio é o principal gás indicador de avaria nas descargas parciais.

(5) As magnitudes de descarga parcial do éster de ácido gordo de palma (PFAE) são ligeiramente inferiores às do óleo mineral à base de petróleo durante o tempo de envelhecimento. Por conseguinte, o éster de ácido gordo de palma tem um bom potencial para ser utilizado como óleo de transformador de potência em aplicações de sistemas de energia eléctrica.

CHAPA R 4

DEGRADAÇÃO DO LÍQUIDO ISOLANTE

O líquido mineral isolante no transformador destina-se a proporcionar um arrefecimento eficiente, a proporcionar resistência dieléctrica, a proteger o núcleo e o conjunto da bobina do transformador contra ataques químicos e a proporcionar resistência à formação de lamas no transformador. Quando as caraterísticas do óleo se distorcem o suficiente para que o óleo deixe de poder desempenhar satisfatoriamente qualquer uma destas funções, diz-se que o óleo está degradado e reduz consideravelmente a esperança de vida do transformador, aumentando o risco de falha prematura do transformador devido a produtos de oxidação no óleo do transformador e aumentando a tendência para a formação de lamas no óleo isolante.

Causas de degradação:

A degradação do líquido isolante começa logo que este é colocado no equipamento na fábrica. As principais razões para a deterioração do líquido isolante podem ser classificadas, em termos gerais, da seguinte forma:

(i) Contaminação física
(ii) Contaminação por gases
(iii) Decomposição química

(i) Contaminação física

O óleo isolante pode ser contaminado por impurezas sólidas provenientes do interior do equipamento e por matérias estranhas, incluindo humidade, que entram indiretamente através de diferentes mecanismos. Os diferentes materiais isolantes, como o cartão, o papel, as fitas de algodão e a madeira, utilizados em conjunto com o óleo isolante, contaminam-no durante longos períodos de tempo a diferentes temperaturas. Estas impurezas, ao absorverem a humidade presente no óleo isolante, têm uma permissividade mais elevada do que o óleo isolante e, devido à influência da tensão eléctrica, formam cadeias ou pontes através do óleo, provocando assim a formação de arcos voltaicos ou a rutura dieléctrica.

As bobinas dos transformadores são normalmente impregnadas com verniz. A utilização de verniz que, em certa medida, se dissolveu no óleo isolante tem consequências adversas. Para além da vantagem da deterioração química, o verniz em solução pode acumular-se em partes do transformador onde pode causar problemas. Tais depósitos podem obstruir um relé Buchholtz e impedir o seu funcionamento. Depósitos generalizados de verniz podem ocorrer nos conservadores e também nas partes vivas das bobinas, tendendo a preencher a lacuna entre elas. A interação entre certos constituintes do verniz e o cobre pode resultar na formação de sabões de cobre que promovem muito ativamente a degradação do óleo. Esta situação é bastante comum nos casos em que o verniz não está completamente curado. A entrada de matérias estranhas, tais como partículas metálicas, matérias fibrosas e poeiras, no líquido isolante pode também ocorrer durante a construção, inspeção de rotina, instalação ou manutenção do equipamento. Estas impurezas, para além de diminuírem a rigidez dieléctrica, promovem também a decomposição química do líquido.

A humidade é um dos contaminantes mais comuns do óleo em serviço. Entra no líquido isolante do transformador por uma das seguintes vias:

a) **Fuga não intencional**: esta é uma das causas mais possíveis nos casos em que se encontra uma grande quantidade de água no fundo do tanque do transformador. O óleo fica então completamente saturado de água.
b) **Ação de respiração**: Esta ação ocorre quando o transformador enfrenta diferenças de temperatura. Quando o transformador está em funcionamento, o óleo isolante aquece e expande-se e o ar é expelido para fora do tanque do transformador. No arrefecimento, este processo repete-se sempre que o transformador é carregado. A humidade é transportada para o óleo durante a inalação, mais ainda se o respirador dessecante, como o gel de sílica, fornecido no transformador, não tiver sido sujeito a manutenção durante muito tempo.
c) **Operação de enchimento**: Durante a operação de enchimento, se o óleo seco for exposto a um ambiente húmido com temperaturas diferentes, o óleo absorve uma quantidade substancial de humidade.
d) **Reação química**: A humidade pode ser produzida por reação química do óleo isolante em combinação com o isolamento de celulose.

A presença de humidade no líquido isolante reduz consideravelmente a sua rigidez dieléctrica. A quantidade de humidade no líquido isolante depende da temperatura do óleo e do grau de refinação a que foi submetido no momento do seu fabrico. Embora no óleo isolante novo a capacidade de retenção de humidade seja baixa, uma pequena quantidade de humidade permanece dissolvida no óleo. A solubilidade da água no óleo isolante do transformador aumenta com o aumento da temperatura. Quando o nível de humidade atinge o nível de saturação, surge sob a forma de gotículas em miniatura que formam emulsões óleo-água. À medida que o óleo isolante envelhece em funcionamento, são produzidos ácidos e a capacidade de emulsão aumenta. A água emulsionada dá uma forma leitosa ou turva ao óleo e é referida como água dissolvida. Quando as gotículas de água em miniatura se fundem para formar gotas grandes e ficam no fundo do tanque do transformador, é chamada de água livre. A diminuição da rigidez dieléctrica deve-se principalmente à água livre. Os efeitos indesejáveis devidos à entrada de humidade dependem da capacidade do óleo isolante do transformador para reter a água na mistura. A redução da resistência eléctrica não depende apenas da humidade do líquido, depende também das impurezas sólidas que absorvem a humidade e se tornam mais prejudiciais.

(ii) Contaminação por gases:

Os gases presentes nos óleos isolantes podem ser divididos em duas classes:

(a) Os que se dissolvem no óleo da atmosfera.
(b) Os que são gerados in situ.

Os gases dissolvidos nos óleos isolantes dependem, em certa medida, da natureza do gás, das condições de pressão e temperatura e da composição química do óleo. O azoto, o oxigénio e o dióxido de carbono do ambiente entram no óleo isolante do transformador através do respirador durante o processo de inalação do óleo.

A formação de gases no óleo isolante do transformador in situ devido a uma ou mais das seguintes causas:

(i) Efeito térmico
(ii) Efeito de arco elétrico
(iii) Eletrólise
(iv) Vaporização
(v) Reação química

Como o óleo isolante é uma mistura de hidrocarbonetos, a aplicação de um arco ou de calor decompõe os hidrocarbonetos em gases. Este fenómeno é designado por craqueamento. É utilizado industrialmente para preparar gases combustíveis a partir de combustíveis líquidos como o querosene e a gasolina. Os gases libertados pelo óleo isolante de transformador são o metano (CH4), o etano (C2H6), o etileno (C2H4), o acetileno (C_2H_2), o hidrogénio (H_2), o monóxido de carbono (CO) e o dióxido de carbono (CO_2).

No óleo do transformador, a eletrólise pode ocorrer em operações práticas devido à presença de humidade no óleo isolante ou no isolamento de celulose. A eletrólise resulta no desenvolvimento de uma quantidade apreciável de oxigénio e hidrogénio. Podem também produzir-se algumas quantidades de hidrocarbonetos se o isolamento sólido (que não o papel) absorver humidade. A vaporização do óleo isolante a diferentes temperaturas pode também produzir gases, apesar da condensação que ocorre ao mesmo tempo nas partes mais frias do transformador. Os produtos de degradação do óleo, principalmente os ácidos, reagem com os materiais isolantes ou metais dando origem a gases entre outros produtos.

A presença de gases no óleo isolante é perigosa para o seu bom funcionamento. Os gases dissolvidos no óleo provenientes da atmosfera diminuem a sua resistência eléctrica. A ignição dos gases inflamáveis gerados pode ser causada por coroa no espaço aéreo ou por arco elétrico. Isto representa um perigo muito grave e o tanque completo do transformador pode ter rebentado devido à pressão excessiva do gás, libertando uma grande quantidade de óleo em chamas na área circundante.

(iii) Decomposição química

Durante o funcionamento, os óleos minerais isolantes são sujeitos a oxidação, tensão eléctrica e tensão térmica na presença de materiais desfavoráveis e adventícios. Estes incluem ar, água, partículas sólidas, tais como produtos corrosivos provenientes de materiais de construção e fabrico de equipamento elétrico, produtos fibrosos de isolamento sólido e constituintes solúveis em óleo de resinas e vernizes de impregnação. Estes materiais, isolados ou em combinação, promovem a degradação do líquido isolante, o que leva a uma diminuição da transferência de calor, à deterioração das propriedades eléctricas, à corrosão, ao aumento das perdas dieléctricas, às descargas e aos arcos voltaicos.

A deterioração do isolamento líquido divide-se em três categorias, a saber

(a) Oxidação
(b) Tensão eléctrica
(c) Tensão térmica

(a) Oxidação do líquido isolante

A degradação do líquido isolante que ocorre na gama normal de temperaturas de funcionamento do equipamento na presença de oxigénio é designada por oxidação. Este é normalmente um processo lento e a taxa é proporcional à temperatura, à concentração de oxigénio e ao catalisador de oxidação.

Factores envolvidos na oxidação:

O oxigénio entra a partir do ambiente no interior do transformador. Não é possível remover todo o oxigénio, mesmo através de enchimento a vácuo. Pelo menos 0,25% do volume de oxigénio continua a existir, mesmo em unidades seladas. O oxigénio está presente no óleo em solução como componente do ar dissolvido numa proporção mais elevada devido à sua solubilidade em comparação com o azoto.

(1) **Disponibilidade de oxigénio** - O hidrocarboneto permanece inalterado a temperaturas elevadas na ausência de oxigénio. O oxigénio é um requisito fundamental para o processo de oxidação. As taxas do processo de oxidação são independentes da pressão de oxigénio até se atingirem valores inferiores a 100 mm de pressão total. Por conseguinte, se o acesso do oxigénio ao óleo isolante no transformador for restringido por caraterísticas construtivas ou outras, torna-se um fator restritivo da taxa de oxidação.

(2) **Temperatura** - O efeito da temperatura na velocidade das reacções de oxidação é quase duas vezes superior a cada 10^0C de aumento de temperatura. Por conseguinte, a oxidação é mais proeminente a temperaturas elevadas.

(3) **Estrutura dos Hidrocarbonetos** - A oxidação de um hidrocarboneto no estado líquido depende muito do seu arranjo molecular. As parafinas, apesar de serem hidrocarbonetos saturados, sofrem oxidação rapidamente. O ponto de reação inicial é mais ou menos aleatório entre os grupos $-CH_2-$ presentes. Os hidrocarbonetos nafténicos são estáveis e opõem-se à oxidação, mas os hidrocarbonetos que têm uma cadeia lateral na molécula tornam-se vulneráveis e o ataque do oxigénio é normalmente no átomo de carbono de um anel ligado à cadeia lateral. Os hidrocarbonetos aromáticos são bastante estáveis à oxidação no que diz respeito ao núcleo. A cadeia lateral continua a ser muito inclinada e sofre facilmente a oxidação. Os hidrocarbonetos

insaturados ou olefinas são mais propensos à oxidação do que as parafinas equivalentes. O ataque inicial do oxigénio é sobre o grupo $-CH_2-$ vizinho da ligação dupla. No caso dos hidrocarbonetos superiores, com toda a estrutura representativa, a oxidação processa-se em diferentes componentes como se estes estivessem presentes independentemente. A partir deste facto, verificou-se que os óleos que contêm apenas aromáticos seriam os mais estáveis. Teoricamente, isto é verdade, mas as outras propriedades essenciais para um bom óleo isolante não são acessíveis apenas com hidrocarbonetos aromáticos. A maior parte dos compostos de azoto, enxofre e oxigénio são instáveis e facilmente oxidados, dando origem a uma grande quantidade de lama.

(4) **Materiais em contacto com o óleo -** Durante o funcionamento, o óleo entra em contacto com uma variedade de metais e não metais utilizados no fabrico do equipamento . Muitos deles aceleram a taxa de oxidação e contribuem para a criação de cadeias de reação. Estes recursos podem ser classificados com base na sua capacidade de promover a oxidação do óleo. A Tabela 12 apresenta os materiais normalmente utilizados e as suas consequências na oxidação do óleo. O óleo isolante em transformadores com enrolamento de alumínio pode ser considerado como tendo uma vida útil prolongada, uma vez que o alumínio não catalisa a oxidação mais do que o cobre. Os inibidores naturais de oxigénio presentes no óleo isolante novo vão-se esgotando lentamente com o tempo durante a vida operacional do óleo. Este fator também contribui para o aumento da taxa de deterioração.

Tabela.12 Materiais de construção do transformador que afectam a oxidação do óleo

Materials which have minor effect		
Aluminium	Galvanized iron	Selenium

Aluminium oxide	Magnesium	Shellac
Cadmium	Paper	Silicones
Cellulose ester resins	Permali	Silica gel
Cork sheet	Phenol resins	Solder
Epoxy resins	pressboard	wood
Materials which have considerable effect		
Chloride flux	Natural rubber	Petroleum grease
Copper	Neoprene rubber	Petroleum waxes
Fibre board	Perspex	resin
lead	Petroleum asphalts	

(b) Tensão eléctrica

A tensão eléctrica numa interface entre o gás residual e o líquido isolante, provocada por vazios de isolamento ou por uma conceção geométrica reduzida do isolamento, resultou na deterioração do óleo isolante e na falha precoce do equipamento. A oxidação prossegue a um ritmo acelerado, mesmo na presença de pouca tensão eléctrica 49kV/cm. Gases como hidrocarbonetos leves (dióxidos de carbono e metano) e hidrogénio estão presentes em quantidades comparativamente grandes nos produtos de oxidação gasosa.

Outros fenómenos visíveis no óleo sob tensão eléctrica são os seguintes

i) As partículas visíveis nos depósitos são muito maiores

ii) O crescimento dos depósitos de contaminação na zona de intensidade máxima é caraterístico

iii) O depósito não é homogéneo, mas forma secções alongadas divididas e orientadas na direção das linhas de força no terreno.

Aumento da tensão eléctrica, que inclui cargas de choque e picos de tensão. Assim: a) Interfaces com transferência de calor

iv) Aumenta o envelhecimento da celulose através da perda de resistência mecânica

v) Forma pontes condutoras no isolamento do transformador, conduzindo a uma diminuição da resistência eléctrica.

(c) Tensão térmica

As tensões térmicas normalmente presentes nos aparelhos não têm um efeito significativo sobre o isolante líquido, mas sim rigoroso. O início súbito da degradação térmica de qualquer tipo de líquido isolante é a consequência de temperaturas confinadas muito elevadas e é, portanto, independente do líquido isolante. A estabilidade do líquido isolante desempenha um papel significativo no desenvolvimento de uma avaria, principalmente quando associada a uma má operação e conceção do equipamento. Os líquidos isolantes sintéticos, como os silicones e os askarels, são termicamente mais estáveis do que os hidrocarbonetos. No entanto, se o líquido isolante tiver a estabilidade de oxidação necessária, a sua estabilidade térmica não precisa de ser um problema a considerar.

Produtos de oxidação e seus efeitos

A química da deterioração do óleo é complexa. É geralmente aceite que os ácidos, os peróxidos, os álcoois, as lamas e as cetonas são criados nas principais fases do processo de deterioração. Na fase inicial de degradação, formam-se compostos químicos de peróxidos. Estes compostos são extremamente instáveis e iniciam uma reação em cadeia. A celulose (algodão, papel, etc.) reage com estes compostos dando origem à oxicelulose. Este composto carece de potência mecânica, resultando em materiais de isolamento fragilizados que não resistem ao choque criado pelas sobretensões. Como o cartão e o papel de isolamento têm estruturas porosas, absorvem os produtos de decomposição do óleo isolante. Os ácidos consomem o isolamento orgânico; a taxa de formação de ácidos é acelerada pelo ácido, uma vez que o próprio ácido actua como catalisador para o desenvolvimento de mais ácidos. Infelizmente, a fase fatal do processo de degradação é a lama, o sinal visível de que a prática da oxidação já está a funcionar há muito tempo. As lamas são uma substância hidroscópica, parcialmente condutora e isolante térmico. As lamas podem aumentar 18-20% mesmo sob tensões eléctricas extremamente baixas da ordem dos 10kV/cm.

A lama é produzida em consequência do ataque do ácido ao cobre, ferro, tintas e vernizes, etc., que subsequentemente entram em solução e se fundem. Estas lamas acabam por precipitar da solução e produzem um material pesado semelhante a alcatrão que adere às paredes laterais do tanque, ao isolamento, às aletas de refrigeração, aloja-se nas condutas de ventilação, etc. Um dos efeitos muito graves, mas não tão óbvios, das lamas é o facto de esta acumulação de produtos de decomposição se ter produzido no próprio isolamento de celulose, mesmo antes de as lamas se precipitarem na superfície interna. Estas lamas, uma vez produzidas no sistema de isolamento e depositadas sobre o isolamento, actuam imediatamente sobre a celulose, provocando o encolhimento do isolamento. Este declínio faz com que o transformador seja incapaz de encontrar a sua capacidade de absorver cargas de choque. Como resultado, ocorre uma falha prematura devido ao movimento da bobina. Além disso, a temperatura de funcionamento do transformador pode aumentar de 10-15^{0}C devido a uma deposição de lama de 1/8 de polegada a ¼ de polegada de espessura no núcleo e nos enrolamentos. Isto pode resultar numa diminuição da velocidade do transformador em funcionamento. A lama precipitada, inicialmente nas partes frias e depois nas partes quentes do transformador, continuará a oxidar-se e, por fim, tornar-se-á insolúvel em óleo. A formação de lamas ocorre periodicamente e não de forma contínua.

CAPÍTULO 5
ANÁLISE DO LÍQUIDO ISOLANTE

5.1 Análise de gases dissolvidos (DGA)

A investigação dos diferentes gases no óleo do transformador para quantificar e identificar os gases dissolvidos é designada por análise de gases dissolvidos. A análise de gases dissolvidos foi considerada como um método de diagnóstico específico para o controlo do estado interno do transformador. Utilizando a análise de gases dissolvidos, é possível encontrar falhas nos transformadores mesmo na fase inicial, sem ter de desligar o transformador. Assim, a técnica de análise de gases dissolvidos tem evitado a falha catastrófica de muitos transformadores. O desenvolvimento de gases em condições normais de funcionamento do transformador é um fenómeno óbvio mas muito lento. No entanto, situações de avaria térmica ou eléctrica no transformador levam ao desenvolvimento de gases inflamáveis dissolvidos a um ritmo mais rápido. As perturbações eléctricas que podem ocorrer nos transformadores incluem corona/descarga parcial, faíscas persistentes/arcos. O arco voltaico pode também surgir em isolamentos sólidos. As anomalias térmicas podem estender-se de um ponto quente a um sobreaquecimento grave. O sobreaquecimento pode ocorrer na celulose com ou sem o envolvimento de uma estrutura impregnada de óleo. As caraterísticas dos gases desenvolvidos dependem da natureza do defeito e da sua gravidade.

5.2 Mecanismo de formação do gás DGA

Tanto as moléculas de celulose no transformador como o óleo isolante do transformador quebram em situações de falha térmica e eléctrica para formar diferentes gases de hidrocarbonetos, óxidos de carbono e hidrogénio. Os tipos e condições de anomalias no transformador podem ser determinados pela quantidade e combinação de gases limitados, nomeadamente metano (CH_4), etano (C_2H_6), etileno (C_2H_4), acetileno (C_2H_2), hidrogénio (H_2), monóxido de carbono (CO) e dióxido de carbono (CO_2) dissolvidos no óleo do transformador. A figura 3 mostra a formação de gases a partir da molécula de celulose.

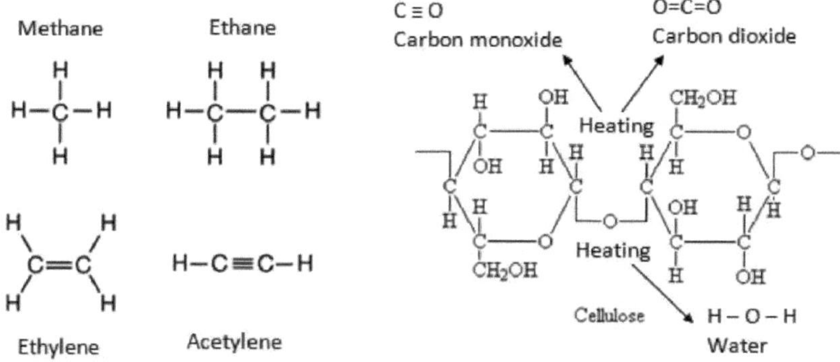

Figura.3 Formação de gases a partir da molécula de celulose.

A evolução dos diferentes gases depende das temperaturas geradas pelas falhas. Os intervalos de temperatura a que evoluem os diferentes gases relacionados com as causas prováveis são apresentados no quadro 13. Os mecanismos de formação de gases são discutidos em pormenor na norma indiana IS 10539: 2006, que é equivalente à IEC 60599 (1999).

Tabela.13 Intervalos de temperatura e possíveis causas da evolução de cada gás

Gas formed	**Evolution Temperature**	**Possible cause**
H_2	150^0C and above	Arcing in oil, partial discharge, arcing in oil
CH_4	150^0C to 300^0C	Overheating of oil, partial discharge in oil
C_2H_6	250^0C to 350^0C	Oil overheating
C_2H_4	350^0C to 700^0C	Oil overheating
C_2H_2	700^0C and above	Oil overheating at very high temperature, Arcing in oil
CO	300^0C and above	Overheating of cellulose
CO_2	300^0C and above	Overheating of cellulose

A Tabela 14 apresenta a solubilidade dos gases que evoluem durante o funcionamento do transformador. O hidrogénio é o gás menos solúvel e o acetileno é o gás mais solúvel no óleo do transformador.

Tabela.14 Solubilidade de gases em óleos de transformador a 25^{0}C e 760 mmHg

Name	**Solubility co-eficient (Volume %)**
Methane (CH_4)	30%
Ethane (C_2H_6)	280%
Ethylene (C_2H_4)	280%
Acetylene (C_2H_2)	400%
Hydrogen (H_2)	7%
Carbon monoxide (CO)	9%
Carbon dioxide (CO_2)	120%

5.3 Objectivos da análise de gases dissolvidos (DGA):

Os gases dissolvidos do óleo de transformador em funcionamento fornecem dados para conhecer o estado de saúde interno dos transformadores em serviço. A utilização deste método especializado depende dos diferentes objectivos com que se realiza a investigação. O objetivo geral do estudo dos gases dissolvidos tem sido a identificação de falhas internas num transformador em serviço. A análise de gases dissolvidos é efectuada para

a) Obter um aviso prévio de avarias nos transformadores em funcionamento.
b) Supervisionar os transformadores suspeitos de estarem avariados.
c) Indicar a natureza e o local de uma avaria.
d) Examinar os transformadores novos para se certificar da ausência de falhas incipientes.

A utilização da análise de gases de dissolução com o objetivo principal de identificar avarias pode não ser sempre utilizada. Nalguns casos, a análise de gases de dissolução pode indicar uma avaria, embora o transformador possa estar em condições internas normais. Por conseguinte, a técnica de análise de gases de dissolução tem um significado muito superior quando realizada com a intenção correta. Alguns dos objectivos mais importantes são discutidos a seguir.

A) Avaliação quantitativa do estado interno do transformador num dado instante

Os transformadores estão em funcionamento contínuo tanto no sistema de distribuição como no sistema de produção. O bom funcionamento dos transformadores pode ser afetado por uma série de problemas menores ou maiores. Qualquer perturbação interna do transformador provoca o acionamento do relé de Buchholtz e, por vezes, o disparo do transformador. A análise do gás de dissolução pode especificar eficazmente a causa do disparo do transformador, quer se trate de uma avaria interna, quer o disparo se deva a razões alheias.

B) Deteção de falhas incipientes por monitorização do estado do equipamento

Os dados de análise de gases dissolvidos gerados desde o início da operação de um transformador são muito essenciais. Na ausência de quaisquer dados de análise de gases dissolvidos, terá de ser produzida uma nova marca de referência tendo em consideração os níveis iniciais. Se os níveis iniciais de gás dissolvido forem elevados, o óleo tem de ser desgaseificado para minimizar os níveis de gás. Neste tipo de monitorização do estado do óleo do transformador, a maior vantagem é que os transformadores críticos com suspeitas de anomalias internas podem ser operados de forma devidamente planeada.

C) Verificação da correção nos transformadores

As falhas detectadas pela análise de gases dissolvidos nos transformadores são rectificadas e os transformadores são recolocados em funcionamento. Mas esses transformadores terão de ser submetidos a DGA frequentes para garantir que a avaria rectificada está em ordem.

5.4 Interpretação dos resultados da DGA

O objetivo da análise do gás dissolvido (preditivo, preventivo ou corretivo) desempenha um papel vital na interpretação do resultado da análise do gás dissolvido. As informações sobre o historial do transformador, como reparações, idade, paragens, filtragem e enchimento do óleo, vida útil do óleo, etc., são informações muito importantes para a interpretação do resultado da análise de gases. As condições de serviço do transformador, como a temperatura de funcionamento, o padrão de carga, etc., também influenciam a concentração dos diferentes gases dissolvidos e, por conseguinte, a sua interpretação.

Quando os níveis de concentração admissíveis dos gases dissolvidos no óleo do transformador excedem, assume-se que o transformador tem algumas anomalias internas e aplicam-se vários métodos de interpretação da análise dos gases dissolvidos para encontrar o tipo de anomalia. Os níveis de concentração permitidos para os gases dissolvidos são dados na tabela15.

Tabela.15 Concentração aceitável de gases dissolvidos no óleo de um transformador saudável

Gas		**Years of service of transformer**		
		Less than 4 years	**Between 4 to 10 years**	**More than 10 years**
Methane	CH_4	50-70 ppm	100-150 ppm	200-300 ppm
Ethane	C_2H_6	30-60 ppm	100-150 ppm	800-1000 ppm
Ethylene	C_2H_4	100-150 ppm	150-200 ppm	200-400 ppm
Acetylene	C_2H_2	20-30 ppm	30-50 ppm	150-200 ppm
Hydrogen	H_2	100-150 ppm	200-300 ppm	300-400 ppm
Carbon monoxide	CO	200-300 ppm	400-500 ppm	600-700 ppm
Carbon dioxide	CO_2	3000-3500 ppm	4000-5000 ppm	9000-12000 ppm

Os níveis de concentração de gases da primeira análise de gases dissolvidos são tomados como valor de referência. A monitorização periódica dos resultados da DGA do óleo do transformador de um transformador estabelece a tendência dos níveis de concentração dos gases e fornece informações sobre a alteração da evolução dos gases e a taxa de agravamento da avaria, se existir. O período de monitorização dos resultados da DGA do transformador depende do tipo e da classificação do transformador e do nível de gravidade da avaria. Os transformadores são geralmente agrupados em dois tipos de monitorização periódica. A monitorização a longo prazo é efectuada quando estão presentes gases dissolvidos como o etileno e o etano, ao passo que a monitorização a curto prazo é efectuada se for detectado acetileno. Os transformadores são desligados e enviados para reparação apenas quando a avaria interna é de natureza grave.

São utilizados vários métodos em todo o mundo para prever o estado de saúde do transformador (avariado ou normal), interpretando o nível de concentração de gases obtido através da análise de gases dissolvidos. A interpretação do resultado da análise dos gases dissolvidos depende principalmente do nível de concentração dos gases-chave, por exemplo, CH4 (metano), C2H6 (etano), C2H4 (etileno), C2H2 (acetileno), H2 (hidrogénio), CO (monóxido de carbono) e co2 (dióxido de carbono) e da relação entre estes gases. Os métodos de interpretação da análise de gases dissolvidos que são globalmente aceites e utilizados em todo o mundo são discutidos a seguir:

5.5 Método do gás chave:

O método do gás-chave é o método mais antigo e mais simples para identificar os gases caraterísticos (gases-chave). Este método é o mais utilizado para detetar a avaria no transformador. Utiliza facilmente a percentagem relativa de gases para descobrir o tipo de falhas quando os gases-chave específicos excedem os limites máximos de concentração permitidos, falha de arco sempre associada ao acetileno, descargas parciais com hidrogénio. Defeito térmico associado ao etano e ao etileno. Uma das principais limitações do método dos gases-chave é o facto de ser incapaz de diagnosticar defeitos múltiplos. A natureza das avarias determinadas pelo método do gás chave é apresentada na tabela 16.

Tabela.16 Método de deteção de falhas do gás chave

Gas	Nature of fault
C_2H_2& H_2	Arcing
H_2 & CH_4	Corona/Partial Discharge
CH_4& C_2H_4	Gradual Over Heating
C_2H_4	Hot Spots i.e. Over heated joints, Core, Bolts etc.
CO & CO_2	Overheating involving Cellulose

5.6 Método do gás combustível

O gás combustível total dissolvido (TDCG) pode ser utilizado como um indicador para a monitorização do estado de saúde do transformador. As concentrações de cada gás combustível, ou seja, CH4 (metano), C2H6 (etano), C2H4 (etileno), C2H2 (acetileno), H2 (hidrogénio) e CO (monóxido de carbono). A concentração de co2 (dióxido de carbono) não está incluída no TDCG, uma vez que não é um gás combustível. As diretrizes da Westinghouse para os limites de TDGC e as acções recomendadas são apresentadas no quadro 17.

Quadro.17 Diretrizes sobre o total de gases combustíveis dissolvidos (TDCG)

TDCG	Recommended Action
0-500 ppm	Normal ageing, analyze again in 6-12 months
500-1200 ppm	Decomposition of oil in excess of normal aging, analyze after 3 months
1201-2500 ppm	More than normal decomposition, analyze frequently to establish trend
2501 ppm and above	Substantial decomposition, possibly fault, to be confirmed

5.7 Métodos do rácio de Roger

O método da relação de Roger utiliza os gases CH4 (metano), C2H6 (etano), C2H4 (etileno), C2H2 (acetileno) e H2 (hidrogénio) para estabelecer quatro relações de gases para classificar as falhas térmicas e eléctricas.

Tabela.18 Códigos do rácio de Roger

Gas ratio	Range	Code
CH_4(Methane)/ H_2(Hydrogen)	$x < 0.1$	5
	$0.1 \leq x \leq 1.0$	0
	$1.0 \leq x \leq 3.0$	1
	$x > 3.0$	2
C_2H_6(Ethane)/ CH_4(Methane)	$x < 1.0$	0
	$x \geq 1.0$	1
C_2H_4(Ethylene)/ C_2H_6(Ethane)	$x < 1.0$	0
	$1.0 \leq x \leq 3.0$	1
	$x > 3.0$	2
C_2H_2(Acetylene)/C_2H_4(Ethylene)	$x < 1.0$	0
	$1.0 \leq x \leq 3.0$	1
	$x > 3.0$	2

O quadro 18 apresenta os pormenores dos códigos da relação de Roger e do método de diagnóstico. Este método é mais útil porque elimina o efeito do volume de óleo e de outras concentrações. Este método fornece informações sobre falhas térmicas de baixas e altas temperaturas. A aplicação desta técnica em sucessão com a técnica dos gases essenciais pode levar ao diagnóstico da natureza específica da avaria.

Tabela.19 Classificação das avarias com base nos códigos de rácio de Roger

CH_4/H_2	C_2H_6/CH_4	C_2H_4/C_2H_6	C_2H_2/C_2H_4	Diagnosis
0	0	0	0	Normal deterioration
1-2	0	0	0	Slight overheating < 150⁰C
1-2	1	0	0	Slight overheating 150⁰C - 200⁰C
0	1	0	0	Overheating 200⁰C - 300⁰C
0	0-1	0	0	Conductor overheating
1	0	1	0	Winding circulating currents
1	0	2	0	Core/tank circulating currents &/ Overheated joints
0	0	0	1	Flash over without power follow through
0	0	1-2	1-2	Arc with power follow through
0	0	2	2	Continuous sparking to floating potential
0	1	0	1	Tap changer selector breaking current
5	0	0	0	Partial discharge
5	0	0	1-2	Partial discharge with tracking

No entanto, utilizando o método do rácio de Roger, não é possível diagnosticar várias falhas. Mais uma vez, os rácios podem não dar qualquer conclusão em alguns casos. Este problema é conhecido como "sem decisão".

5.8 Método do rácio CEI

O método do rácio CEI é um desenvolvimento da técnica dos rácios de Roger. Neste método, são utilizados apenas três rácios de gás específicos utilizando os gases CH4, C2H6, C2H4, C2H2 e H2. O rácio C2H6/CH4 não é considerado, uma vez que indica apenas uma gama limitada de temperaturas de decomposição. As três razões de gases têm diferentes gamas de código em comparação com o método de Roger. A interpretação de falhas está dividida em 9 categorias diferentes. Os códigos dos rácios CEI e a interpretação das falhas são apresentados na tabela 20.

Tabela.20 Códigos de rácio CEI

Gas ratio	Range	Code
C_2H_2(Acetylene)/C_2H_4(Ethylene)	$x < 0.1$	0
	$0.1 \leq x \leq 3.0$	1
	$x > 3.0$	2
CH_4(Methane)/H_2(Hydrogen)	$x < 1.0$	1
	$0.1 \leq x \leq 1.0$	0
	$x > 1.0$	2
C_2H_4(Ethylene)/C_2H_6(Ethane)	$x < 1.0$	0
	$1.0 \leq x \leq 3.0$	1
	$x > 3.0$	2

Tabela.21 Classificação das avarias com base nos códigos de rácio de Roger

C_2H_2/C_2H_4	CH_4/H_2	C_2H_4/C_2H_6	Diagnosis
0	0	0	Normal deterioration, No fault
0	1	0	Partial discharges of low energy density
1	1	0	Partial discharges of high energy density
1-2	0	1-2	Discharges of low energy
1	0	2	Discharges of high energy
0	0	1	Thermal fault < 150^{0}C
0	2	0	Thermal fault 150^{0}C to 300^{0}C
0	2	1	Thermal fault 300^{0}C to 700^{0}C
0	2	2	Thermal fault > 700^{0}C

A técnica do rácio CEI, tal como a técnica do rácio de Roger, também não consegue identificar falhas múltiplas, o que conduz novamente ao problema da "ausência de decisão".

5.9 Método do triângulo de Duval

Em 1974, Michel Duval desenvolveu o método de análise de gás dissolvido (DGA) para analisar e diagnosticar vários problemas incipientes que ocorrem no transformador. Esta técnica foi reconhecida como correta e fiável ao longo de vários anos e está agora a ganhar a sua reputação. O método de análise de gases dissolvidos é extremamente útil na previsão da combinação de falhas eléctricas e térmicas em transformadores. Três gases hidrocarbonetos específicos (CH4, C2H4 e C2H2) foram utilizados no método do triângulo de Duval. A representação gráfica destes três gases no triângulo de Duval está dividida em 6 regiões de defeitos específicos (PD, D1, D2, T1, T2 ou T3) e uma zona intermédia DT, atribuída a combinações de defeitos térmicos e eléctricos no transformador. Os limites e as coordenadas das regiões de avarias térmicas e eléctricas são apresentados na figura 4. As percentagens de gases individuais (CH4, C2H4 e C2H2 em ppm) foram representadas no triângulo para se chegar a um juízo baseado na quantidade total de três gases hidrocarbonetos específicos presentes no óleo do transformador.

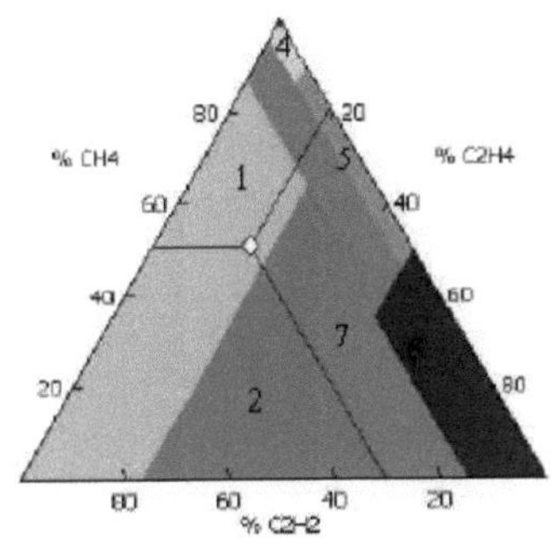

1. Low energy discharge
2. High energy discharge
3. Partial discharges
4. Thermal fault less than 300 degree centigrade
5. Thermal fault between 300 to 700 degree centigrade
6. Thermal fault above 700 degree centigrade
7. Electrical and thermal fault

Figura.4 Triângulo de Duval

Tabela. 22 Falhas caraterísticas do transformador

Type of fault	Causes	Effects	Major gases
High energy discharges (arcing)	➢ Short circuit in winding ➢ Breakdown in windings	➢ Decomposition of oil due to high temperature 300^0C &	CH_4, H_2, C_2H_4, CO, CO_2 If solid

	➢ Breakdown through oil between bare conductors ➢ External short circuit from parts at potential to earth	formation of oil carbon, ➢ Sudden Buchholtz actuation	insulation involved
Low energy discharges (High energy partial discharge)	➢ Bad contact to metal parts ➢ Continuous sparking at breaks ➢ Discharge between selector contacts	➢ Slight decomposition of oil, ➢ Buchholtz actuation after a long period	H_2, C_2H_2
High energy partial discharge with tracking	➢ Poor impregnation ➢ Presence of cavity in insulation ➢ Over electrical stress in insulation	➢ Ionisation process	CH_4, H_2
Low energy partial discharges without tracking	➢ Poor impregnation ➢ Presence of cavity in insulation	➢ Ionization process	CH_4, H_2
Thermal fault of low temperature (Hot spot 150^0C to 300^0C)	➢ Insufficient cooling ➢ Excessive magnetic losses ➢ General conductor overheating	➢ Slight decomposition of oil ➢ Buchholtz actuation after a long time	C_2H_4
Thermal fault of medium	➢ Bad contacts ➢ Local overheating of core due to circulating	➢ Decomposition of oil with formation of oil carbon,	C_2H_4

temperature (300⁰C to 700⁰C)	current	➢ Buchholtz actuation after some time	
Thermal fault of high temperature > 700⁰C	➢ Bad contacts ➢ Shorting link between core and laminates	➢ Decomposition of oil with formation of oil carbon, melting spots, core burn, melted conductors ➢ Buchholtz actuation after some time	C_2H_4 , C_2H_2

Figura.5 Amostras recolhidas no terreno

CAPÍTULO 6

ESTUDO DE CASO

6.1 Estudo de caso I

Samples	Sample 1	Sample 2	Sample 3	Sample 4	Sample 5
Rating	630kVA	200kVA	500kVA	2500kVA	New oil
Colour	light orange	orange	amber	light yellow	clear
Gases	ppm	ppm	ppm	ppm	ppm
Hydrogen	< 5	67	28	< 5	< 5
Water	67	67	60	61	43
Carbon Dioxide	813	8538	2378	14981	362
Carbon Monoxide	4	140	75	30	4
Ethylene	12	568	66	5	2
Ethane	6	164	55	29	11
Methane	10	249	82	24	2
Acetylene	0.5	448.8	114	1.5	0
Transformer condition	normal	warning	warning	warning	normal
Caution gases	none	CH_4: >120 TDCG: >700	C_2H_4: > 50	none	none
Warning Gases	none	CO_2: > 4000 C_2H_4: >100 C_2H_6: >100 C_2H_2: >5	C_2H_2: >5	CO_2: > 4000	none
Interpretation of Duval's Triangle Method	thermal fault >700⁰C	high energy discharges	high energy discharges	electrical and thermal fault	thermal fault >700⁰C

6.2 Estudo de caso-II

Samples	**Sample 6**	**Sample 7**	**Sample 8**	**Sample 9**	**Sample 10**
Rating	250kVA	16kVA	63kVA	1000kVA	25kVA
Colour	dark brown	brown	amber	yellow	black
Gases	ppm	ppm	ppm	ppm	ppm
Hydrogen	< 5	< 5	< 5	< 5	27
Water	56	57	51	57	56
Carbon Dioxide	731	585	7994	10177	5886
Carbon Monoxide	25	22	68	103	591
Ethylene	95	195	127	16	400
Ethane	121	70	46	22	143
Methane	138	75	28	30	183
Acetylene	102.9	208.7	71.6	< 0.5	357.6
Transformer condition	warning	warning	warning	warning	warning
Caution gases	C_2H_4: > 50 CH_4: > 120	C_2H_6: >65	none	none	CH_4: > 120 TDCG: > 700
Warning gases	C_2H_6: >100 C2H_2: >5	C_2H_6: >100 C_2H_2: >5	CO_2: >4000 C_2H_6: >100 C_2H_2: >5	CO_2: > 4000	CO_2: > 4000 CO: > 570 C_2H_4: > 100 C_2H_6: >100 C_2H_2: >5
Interpretation of Duval's Triangle Method	high energy discharges	high energy discharges	high energy discharges	thermal fault 300^{0}C-700^{0}C	high energy discharges

REFERÊNCIAS

[1] M. Wang, A. J. Vandermaar e K. D. Srivastava, Review of condition assessment of power transformers in service, IEEE Electr. Insul.Mag. 18(6), 12 (2002).

[2] D. Arvind, S. Khushdeep e K. Deepak, Condition monitoring of power transformer: A review, 2008 IEEE/PES Transmission and Distribution Conf. Exposição (abril, 2008), pp. 1-6.

[3] B. Pahlavanpour e A. Wilson, Analysis of transformer oil for transformer condition monitoring, IEE Colloquium on An Engineering Review Liquid Insulation (Digest No. 1997/003) (Jan 1997), pp. 1/1-1/5.

[4] J. H. Harlow, Electric power transformer engineering - Book review, IEEE Electr. Insul.Mag. 20(3), 64 (2004).

[5] S. P. Balaji, I. P. M. Sheema, G. Krithika e S. Usa, Effect of repeated impulses on transformer insulation, IEEE Trans. Dielectr. Electr.Insul.18(6), 2069 (2011).

[6] A. A. Pollitt, Mineral oils for transformers and switchgear, J. Inst. Electr. Eng. Gen. 89(20), 366 (1942).

[7] M. S. Dharwadkar e J. J. Patel, Development of mixed dielectrics for high voltage power capacitors using mineral oil, em 1979 EIC 14th Electrical/Electronics Insulation Conf. (Oct, 1979), pp. 246-249.

[8] L. Dix and P. J. Hopkinson, Tapchangers for de-energized operation in natural ester fluid, mineral oil and silicone, in 2009 IEEE Power Energy Society General Meeting (July, 2009), pp. 1-6.

[9] H. P. Gasser, C. Krause, M. Lashbrook and R. Martin, Aging of pressboard in different insulating liquids, in 2011 IEEE Int. Conf. Dielectric Liquids (junho, 2011), pp. 1-5.

[10] I. Fofana, 50 anos no desenvolvimento de líquidos isolantes, IEEE Electr. Insul.Mag. 29(5), 13 (2013).

[11] J. Fabian, B. Wieser, M. Muhr, R. Schwarz, G. J. Pukel e M. Stssl, Partial discharge behavior of environmentally friendly and hardly inflammable ester liquids compared to mineral oil for power transformers, 2012 Int. Conf. Condition Monitoring and Diagnosis (CMD) (setembro de 2012), pp. 621-624.

[12] D. M. Mehta, P. Kundu, A. Chowdhury, V. K. Lakhiani e A. S. Jhala, A review on critical evaluation of natural ester vis-a-vis mineral oil insulating liquid for use in transformers: Parte 1, IEEE Trans. Dielectr. Electr.Insul.23(2), 873 (2016).

[13] K. Bandara, C. Ekanayake e T. K. Saha, Estudo comparativo para compreender o comportamento do éster natural com óleo mineral como líquido isolante de transformadores, em 2014 IEEE Conf. Isolamento Elétrico e Fenómenos

Dieléctricos (CEIDP) (Out, 2014), pp. 792-795.
[14] J. Ulrych, M. Svoboda, R. Polansk e J. Pihera, Dielectric analysis of vegetable and mineral oils, em 2014 IEEE 18th Int. Conf. Dielectric Liquids (ICDL) (junho, 2014), pp. 1-4.
[15] Suwarno e Santosh, Effects of electric arc on discharge inception, combustible gases and chemical structure of transformer oils,2012 Int. Conf. Power Engineering and Renewable Energy (ICPERE) (julho, 2012), pp. 1-4.
[16] L. S. Mohammed, Mazood, M. Bakrutheen, M. Willjuice, Iruthayarajan e M. Karthik, Estudos sobre as propriedades críticas de fluidos isolantes à base de óleo vegetal, em 2015 Annual IEEE India Conf. (INDICON) (Dez, 2015), pp. 1-4.
[17] P. Thomas, Biodegradable dielectric liquids for transformer applications (Líquidos dieléctricos biodegradáveis para aplicações em transformadores), Proc. 2005 Int. Symp. Electrical Insulating Materials, 2005 (ISEIM 2005), Vol. 1 (junho, 2005), pp. 135-136.
[18] C. C. Claiborne, E. J. Walsh and T. V. Oommen, An agriculturally based biodegradable dielectric fluid, in 1999 IEEE Transmission and Distribution Conf., Vol. 2 (Apr, 1999), pp. 876-881.
[19] I. V. Timoshkin, M. J. Given, M. P. Wilson e S. J. MacGregor, Review of dielectric behaviour of insulating liquids, 2009 Proc.44th Int. Universities Power Engineering Conference (UPEC) (setembro de 2009), pp. 1-4.
[20] M. George e P. Manikandan, Desempenho dielétrico do dielétrico sólido imerso em óleo vegetal com antioxidante, 2016 Int. Conf. Tecnologias de Circuitos, Energia e Computação (ICCPCT) (março, 2016), pp. 1-7.
[21] T. V. Oommen, Vegetable oils for liquid-filled transformers, IEEE Electr. Insul.Mag. 18(1), 6 (2002).
[22] Q. Liu, Z. D. Wang e F. Perrot, Impulse breakdown voltages ofester-based transformer oils determined by using different testmethods, IEEE Conf. Electrical Insulation and Dielectric Phenomena, 2009 (CEIDP'09) (Out, 2009), pp. 608-612.
[23] S. Okabe, S. Kaneko, M. Kohtoh e T. Amimoto, Analysisresults for insulating oil components in field transformers, IEEETrans. Dielectr. Electr.Insul.17(1), 302 (2010).
[24] S. Tenbohlen and M. Koch, Aging performance and moisturesolubility of vegetable oils for power transformers, IEEE Trans.Power Deliv.25(2), 825 (2010).
[25] D. Divakaran and C. Kalaivanan, Investigation of lightning impulsevoltage characteristics and other thermo-physical characteristicsof vegetable oils for

power apparatus applications,in 2012 IEEE 10th Int. Conf. Properties and Applications ofDielectric Materials (julho, 2012), pp. 1-4.

[26] P. Guo, R. Liao, J. Hao, Z. Ma e L. Yang, Research on thetemperature dielectric spectrum of vegetable oil, mineral oil andtheir relevant oil- impregnated papers, in 2012 Int. Conf. Engenharia e aplicação de alta tensão (setembro de 2012), pp. 562-565.

[27] T. Kanoh, H. Iwabuchi, Y. Hoshida, J. Yamada, T. Hikosaka, A.Yamazaki,Y. Hatta e H. Koide, Analyses of electro-chemical characteristics of palm fatty acid esters as insulating oil, 2008IEEE Int. Conf. Dielectric Liquids (junho, 2008), pp. 1-4.

[28] B. Song and Z. Peng, Research of the fga-ann method for transformer fault diagnosis based on the dissolved gas analysis, FifthWorld Congress Intelligent Control and Automation, 2004(WCICA 2004), Vol. 6 (2004), pp. 5145-5149.

[29] A. K. Mehta, R. N. Sharma, S. Chauhan and S. Saho, Transformer diagnostics under dissolved gas analysis using support vectormachine, in 2013 Int. Conf. Power, Energy and Control (ICPEC)(Fev, 2013), pp. 181186.

[30] M. R. Ahmed, M. A. Geliel e A. Khalil, diagnóstico de falhas em transformadores de potência utilizando a técnica de lógica difusa baseada na análise de gases dissolvidos, 2013 21st Mediterranean Conf. Automação de Controlo (MED) (junho, 2013), pp. 584589.

[31] N. A. Setiawan, Sarjiya e Z. Adhiarga, Diagnóstico de falhas incipientes em transformadores de potência utilizando análise de gases dissolvidos e rough set,2012 Int. Conf. Condition Monitoring and Diagnosis (CMD)(Set, 2012), pp. 950-953.

[32] J. J. Kelly, Transformer fault diagnosis by dissolved-gas analysis, IEEE Trans. Ind. Appl. IA-16(6), 777 (1980).

[33] B. S. H. M. S. Y. Matharage, M. A. R. M. Fernando, M. A. A. P.Bandara, G. A. Jayantha e C. S. Kalpage, Performance of coconut oil as an alternative transformer liquid insulation, IEEE Trans. Dielectr. Electr.Insul.20(3), 887 (2013).

[34] M. A. G. Martins, Óleos vegetais, uma alternativa ao óleo mineral para transformadores de potência - estudo experimental do envelhecimento do papel em óleo vegetal versus óleo mineral, IEEE Electr. Insul.Mag. 26(6), 7 (2010).

[35] S. Okabe, G. Ueta and T. Tsuboi, Investigation of aging degradationstatus of insulating elements in oil-immersed transformer and its diagnostic method based on field measurement data, IEEE Trans. Dielectr. Electr.Insul.20(1), 346 (2013).

[36] H. Borsi and E. Gockenbach, Properties of ester liquid midel 7131 as an alternative liquid to mineral oil for transformers, IEEE Int. Conf. Dielectr.

Liquids (ICDL 2005) (junho de 2005), pp. 377-380.

[37] Y. Xu, S. Qian, Q. Liu e Z. D. Wang, Avaliação da estabilidade à oxidação de um óleo vegetal de transformador sob envelhecimento térmico, IEEE Trans. Dielectr. Electr.Insul.21(2), 683 (2014).

[38] Imad-U-Khan, Z.Wang, I. Cotton e S. Northcote, Análise de gases dissolvidos de fluidos alternativos para transformadores de potência, IEEE Electr. Insul.Mag. 23(5), 5 (2007).

[39] N. A. Muhamad, B. T. Phung e T. R. Blackburn, Dissolved gas analysis (DGA) of arcing faults in biodegradable oil insulation systems, 2008 Int. Symp. Electrical Insulating Materials, 2008 (ISEIM 2008) (Set, 2008), pp. 24-27.

[40] S. Ranawana, C. M. B. Ekanayaka, N. A. S. A. Kurera, M. A. R. M. Fernando e K. A. R. Perera, Analysis of insulation characteristics of coconut oil as an alternative to the liquid insulation of power transformers, in 2008 IEEE Region 10 and the Third Int. Conf. Industrial and Information Systems (Dez, 2008), pp. 1-5.

[41] S. S. Sinan, J. Jasni, N. Azis, M. Z. A. A. Kadir e M. N. Mohtar, Avaliação das tensões de rutura CA do sistema de isolamento líquido, 2015 IEEE Int. Circuitos e Sistemas Symp. (ICSyS) (Set, 2015), pp. 155158.

[42] A. A. H. Zaidi, N. Hussin e M. K. M. Jamil, Estudo experimental das propriedades dos óleos vegetais para transformador de potência, 2015 IEEE Conf. Conversão de Energia (CENCON) (Out, 2015), pp. 349-353.

[43] Y. Z. Arief, M. H. Ahmad, K. Y. Lau, N. A. Muhamad, N. Bashir, N. K. Mohd, L. W. Huey, Y. S. Kiat e S. A. Azli, Um estudo comparativo sobre o efeito do envelhecimento elétrico nas propriedades eléctricas do éster de ácido gordo de palma (PFAE) e fr3 como materiais dieléctricos, 2014 IEEE Int. Conf. Power and Energy (PECon) (Dez, 2014), pp. 128-133.

[44] M. R. Ramli, Y. Z. Arief, S. A. Azli, N. A. Muhamad, K. Y. Lau, M. Farhan, N. Bashir, N. K. Mohd, L. W. Huey e Y. S. Kiat, Caraterísticas de descarga parcial do éster de ácido gordo de palma (PFAE) como material isolante de alta tensão, 2014 Int. Conf. Engenharia de Energia e Energias Renováveis (ICPERE) (Dez, 2014), pp. 262- 266.

[45] I. L. Hosier, A. Guushaa, E. W. Westenbrink, C. Rogers, A. S.Vaughan e S. G. Swingler, Aging of biodegradable oils and assessment of their suitability for high voltage applications, IEEE Trans. Dielectr. Electr.Insul.18(3), 728 (2011).

[46] N. W. N. J. Nanayakkara, K. P. Madubhashini, P. Y. C. D. Samarajeewa, M. A. R. M. Fernando, J. R. S. S. Kumara e C. S. Kalpage, Dielectric properties of coconut oil impregnated pressboard samples, 2013 IEEE 8th Int. Conf. Industrial and Information Systems (Dez, 2013), pp. 179-184.

[47] Y. Bertrand and L. C. Hoang, Vegetal oils as substitute for mineral oils, Proc. 7th Int. Conf. Properties and Applications of Dielectric Materials (Cat. No. 03CH37417), Vol. 2 (junho, 2003), pp. 491-494.

[48] . P. Thomas, "Biodegradable dielectric liquids for transformer applications," in Proceedings of 2005 International Symposium on Electrical Insulating Materials, 2005. (ISEIM 2005), vol. 1, junho de 2005, pp. 135-136 Vol. 1.

[49] C. C. Claiborne, E. J. Walsh, and T. V. Oommen, "An agriculturally based biodegradable dielectric fluid," in Transmission and Distribution Conference, 1999 IEEE, vol. 2, Apr 1999, pp. 876-881 vol.2.

[50] I. V. Timoshkin, M. J. Given, M. P. Wilson, and S. J. MacGregor, "Review of dielectric behaviour of insulating liquids," in Universities Power Engineering Conference (UPEC), 2009 Proceedings of the 44th International, Sept 2009, pp. 1-4.

[51] I. L. Hosier, A. S. Vaughan, and F. A. Montjen, "Ageing of biodegradable oils for high voltage insulation systems," in 2006 IEEE Conference on Electrical Insulation and Dielectric Phenomena, Oct 2006, pp. 481-484.

[52] T. V. Oommen, "Vegetable oils for liquid-filled transformers," IEEE Electrical Insulation Magazine, vol. 18, no. 1, pp. 6-11, Jan 2002.

[53] Q. Liu, Z. D. Wang, e F. Perrot, "Impulse breakdown voltages of esterbased transformer oils determined by using different test methods," in Electrical Insulation and Dielectric Phenomena, 2009.CEIDP '09.IEEE Conference on, Oct 2009, pp. 608- 612.

[54] S. Okabe, S. Kaneko, M. Kohtoh, e T. Amimoto, "Analysis results for insulating oil components in field transformers," IEEE Transactions on Dielectrics and Electrical Insulation, vol. 17, no. 1, pp. 302-311, fevereiro de 2010.

[55] Y. Xu, S. Qian, Q. Liu e Z. D. Wang, "Avaliação da estabilidade à oxidação de um óleo de transformador vegetal sob envelhecimento térmico", IEEE Transactions on Dielectrics and Electrical Insulation, vol. 21, n.º 2, pp. 683-692, abril de 2014.

[56] N. W. N. J. Nanayakkara, K. P. Madubhashini, P. Y. C. D. Samarajeewa, M. A. R. M. Fernando, J. R. S. S. Kumara, e C. S. Kalpage, "Dielectric properties of coconut oil impregnated pressboard samples," in 2013 IEEE 8th International Conference on Industrial and Information Systems, Dec 2013, pp. 179-184

[57] M. Pompili, L. Calcara, A. Sturchio e F. Catanzaro, "Transformadores de distribuição de ésteres naturais: A solution for environmental and fire risk prevention", 2016 AEIT International Annual Conference (AEIT), Capri, 2016, pp. 1-5.

[58] P. Trnka, A. Cejkova, V. MentHk, P. Totzauer, L. Harvanek e T. Tomaskova,

"Effect of inhibitors on thermal degradation of vegetable oils," 2016 17th International Scientific Conference on Electric Power Engineering (EPE), Praga, 2016, pp. 1-4.

[59] F. Scatiggio e M. Pompili, "Evaluation of vegetable ester for filling large power transformers," 2016 IEEE International Conference on Dielectrics (ICD), Montpellier, 2016, pp. 1052-1056.

[60] K. Bandara, C. Ekanayake, T. K. Saha e P. K. Annamalai, "Understanding the ageing aspects of natural ester based insulation liquid in power transformer," in IEEE Transactions on Dielectrics and Electrical Insulation, vol. 23, no. 1, pp. 246-257, fevereiro de 2016.

[61] M. H. A. Hamid, M. T. Ishak, M. F. M. Din, N. S. Suhaimi e N. I. A. Katim, "Dielectric properties of natural ester oils used for transformer application under temperature variation," 2016 IEEE International Conference on Power and Energy (PECon), Melaka, Malaysia, 2016, pp. 54-57.

[62] Rakesh C e M. J. Thomas, "Pongamia oil, an eco-friendly alternative for mineral oil used in high voltage transformers," 2016 IEEE International Conference on Dielectrics (ICD), Montpellier, 2016, pp. 959-962.

[63] L. S. Mohammed, Mazood, M. Bakrutheen, M. Willjuice, Iruthayarajan e M. Karthik, "Studies on critical properties of vegetable oil based insulating fluids," 2015 Annual IEEE India Conference (INDICON), New Delhi, 2015, pp. 1-4.

[64] M. R. Ramli, Y. Z. Arief, S. A. Azli, N. A. Muhamad, K. Y. Lau, M. Farhan, N. Bashir, N. K. Mohd, L. W. Huey e Y. S. Kiat, "Partial discharge characteristics of palm fatty acid ester (pfae) as high voltage insulating material," in Power Engineering and RenewableEnergy (ICPERE), 2014 International Conference on, Dec 2014, pp. 262-266.

Conteúdo

Printed by Books on Demand GmbH, Norderstedt / Germany